成品油油库加油站环境保护应知应会

张涌　主编

刘春平　冯云　陈智勇　副主编

内 容 提 要

《成品油油库加油站环境保护应知应会》按照国家生态环境保护法律法规标准要求，针对成品油销售企业特点编写，旨在帮助基层从业人员强化环境保护意识、掌握环境保护知识、提高环境保护技能。本书分为加油（气）站站长及管理人员环保应知应会、加油（气）站操作人员环保应知应会、油库主任及管理人员环保应知应会、油库操作人员环保应知应会四个部分，从依法合规、达标排放、风险防控、规范作业等方面展开介绍。本书适合于成品油油库、加油（气）站管理人员和基层员工学习参考，也可供相关企业作为环境保护科普和培训教材。

图书在版编目（CIP）数据

成品油油库加油站环境保护应知应会／张涌主编.
—北京：中国石化出版社，2021.2（2021.6重印）
ISBN 978-7-5114-6117-9

Ⅰ.①成… Ⅱ.①张… Ⅲ.①油库-加油站-环境保护-基本知识 Ⅳ.①TE972

中国版本图书馆 CIP 数据核字（2021）第 017612 号

中国石化出版社出版发行
地址：北京市东城区安定门外大街 58 号
邮编：100011 电话：(010)57512500
发行部电话：(010)57512575
http://www.sinopec-press.com
E-mail：press@sinopec.com
北京科信印刷有限公司印刷
全国各地新华书店经销

*
787×1092 毫米 32 开本 2 印张 15 千字
2021 年 4 月第 1 版 2021 年 6 月第 3 次印刷
定价：32.00 元

编 委 会

目录

加油（气）站

环境保护应知应会

站长及管理人员篇

加油(气)站应依法取得政府生态环境部门的环境影响评价批复,完成竣工环境保护验收。

城市建成区的加油(气)站应取得简化管理的排污许可证,每年提交排污许可执行报告;非城市建成区的加油(气)站应完成排污许可登记备案。加油(气)站应按照排污许可要求,开展环境监测、排放污染物。

加油(气)站应编制突发环境事件应急预案并向所在地县级以上生态环境部门备案,每三年开展回顾性评价并重新备案。

加油(气)站不应采用暗沟排水。采用明沟排水的,出站前应设置水封井或带有水封功能的隔油池,定期检查清理浮油和杂物。

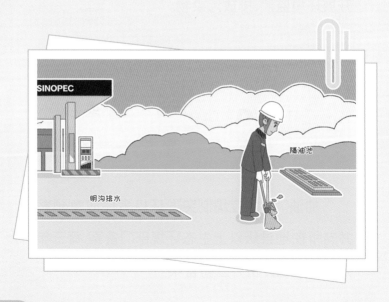

　　生活污水应纳入市政污水管网,或经具有防渗功能的化粪池统一收集, 依法外委处置。

　　设置生活污水处理装置的加油(气)站,每月应对处理装置运行情况进行检查。

3 油气达标排放 ◎

　　按照国家标准，加油油气回收系统的气液比应在 1.0~1.2 范围内；如有三次油气回收处理装置，其油气排放小时平均浓度值应 ≤ 25g/m³；油气回收系统工艺连接密封点，油气泄漏检测值应 ≤ 500 μmol/mol；加油站边界油气浓度不得超过 4mg/m³。有地方标准的执行地方标准。

　　应委托有资质机构，定期对加油（气）站边界油气浓度、油气回收系统的气液比、液阻和密闭性等指标进行检测，在站内留存检测报告。

油气回收检测

当油气回收系统检测指标发生预警或不合格时，应停用指标不合格的加油枪，并及时上报维修，经维修、检测合格后方可恢复使用。

经营过程中产生的油泥、吸附油品的消防沙或吸油毡、废检测试剂、废油漆桶、废液压油、废润滑油等危险废物,严禁随意倾倒、丢弃,应妥善收集,暂存在贴有危险废物标识的暂存箱或暂存柜内,暂存期不得超过一年,做好防火、防雨、防晒、防渗等防护措施。

妥善收集危险废物

检测剂

废油漆桶

废液压液

吸油毡

废润滑油

含油沙土

清罐过程中产生的油泥

危险废物种类

　　危险废物应委托有资质的单位转运和处置，填写《危险废物转移联单》，做好台账记录。站内留存危险废物转移联单，保存期限至少为五年。

防雨　防晒　防渗

严禁随意倾倒　危险废物暂存柜　危险废物转移联单

应定期识别环境风险,熟悉加油(气)站周边市政管网及地下水流向等环境基本情况,在环境应急预案中明确针对性措施,防控油品泄漏、扩散。

现场巡查

每日开展现场巡查，做好油罐及管线测漏报警监控，如有报警等异常应立即停用相应油罐和加油机，组织排查原因并上报主管部门。

应与有能力的单位签订环境应急监测协议，事故状态下组织开展环境应急监测。

定期组织开展埋地油罐泄漏、加油作业、油品接卸等环节环境应急预案演练。

当发生突发环境事件及其他异常情况，应组织做好现场应急处置,并第一时间上报公司有关部门。

加油（气）站

环境保护应知应会

操作人员篇

加油员在加注汽油时,应观察设备状况,如发现加油枪胶管龟裂、集气罩破损、真空泵异响等异常,应立即停用并报告站长。

真空泵异常

保持密闭

高

低

　　加油时应将加油枪充分插入汽车油箱,使集气罩与油箱口保持密闭连接。

　　加油枪应由低档位逐渐开至高档位,待加油结束后,缓慢拔出油枪放回原位,防止油品滴落。

卸油前，应确认油罐通气管阀门按操作规程正确开启或关闭，并再次确认卸油管、油气回收回气管连接正确紧密。

检查胶管

卸油作业应全程做好作业监护,并检查油罐车、卸油管线、阀门是否有漏油、溢油。

掌握加油(气)站生活污水、雨水排放处置方式和排放去向。

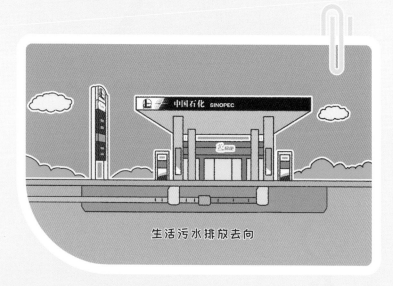

生活污水排放去向

　　按要求做好排水沟、水封井、隔油池等设施的巡查,并及时清理浮油和杂物。

4 危险废物合规处置

掌握加油(气)站常见危险废物种类,危险废物严禁随意倾倒、丢弃,应暂存在贴有危险废物标识的暂存箱或暂存柜内。

危险废物
要暂存在我这里哦!

防雨　防晒　防渗

废液压液

检测剂

清罐过程中产生的油泥

吸油毡

废油滤桶

废润滑油

含油沙土

危险废物暂存柜

危险废物种类

按要求分类收集、投放一般固体废物和生活垃圾。

垃圾分类

厨余垃圾

可回收垃圾

有害垃圾

其他垃圾

当发生油品跑冒等突发环境事件时,应立即采取切断电源、停用加油机、关闭阀门等方式,切断油品泄漏源,同时上报站长,启动相应应急预案,并做好应急处置。

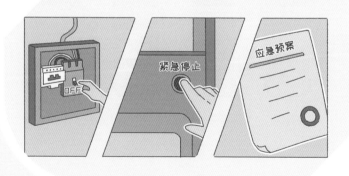

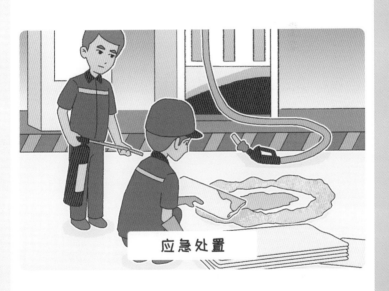

应急处置

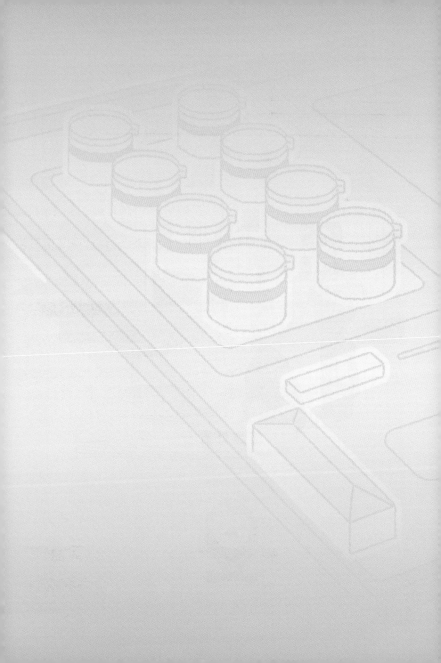

油　库

环境保护应知应会

油库主任及管理人员篇

油库应取得政府生态环境部门的环境影响评价批复、完成竣工环境保护验收,保证实际运行状态与环评、验收要求一致。按地方政府要求取得排污许可证,按证开展环境监测、排放污染物。重点管理和简化管理的油库,应向属地政府生态环境部门提交执行报告。

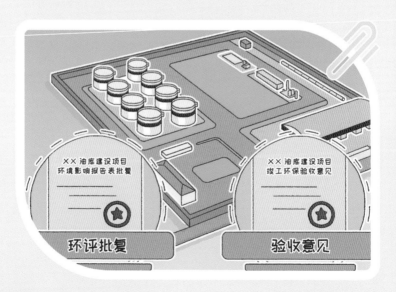

××油库建设项目
环境影响报告表批复

环评批复

××油库建设项目
竣工环保验收意见

验收意见

　　油库应编制突发环境事件应急预案并向所在地县级以上生态环境部门备案,每三年开展回顾性评价并重新备案。

油库应实现清污分流,生产区域初期雨水、含油污水及码头顶水作业产生的含油污水等,应经污水处理装置处理合格后方可排放或回用。

生活污水可采取纳入市政管网、污水处理装置处理、化粪池收集外委等方式处置,码头生活污水严禁直接排入外部水体。

应定期对排水系统阀门井、水封井等设施进行检查,做到符合规范、清洁畅通。非事故状态下,事故池存水量不得超过总容积的三分之一。事故池应具备将污水返回污水处理装置的工艺措施。

3 油气达标排放

　　按照国家标准,当下装鹤管发油结束并断开快速接头时,油品滴洒量不应超过 10mL;油气回收处理装置排放浓度不高于 $25g/m^3$,油气处理效率≥95%;油气收集系统密封点泄漏检测值不应超过 $500\mu mol/mol$;油库边界小时非甲烷总烃平均浓度值不应超过 $4mg/m^3$。

　　有地方标准的执行地方标准。

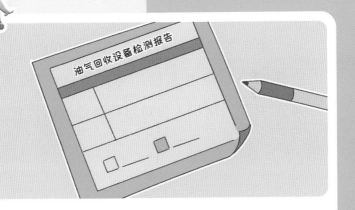

　　应按照国家或地方标准开展油气回收
处理装置检测，库内留存检测报告。油气
回收处理装置检修应履行审批手续，严禁
擅自停用。

4 密封点检测与修复
(LDAR)

　　油库工艺设备密封点超过 2000 个时,应开展密封点泄漏检测与修复,编制检测报告,并及时组织人员对超标点位进行修复。

开展密封点泄漏检测

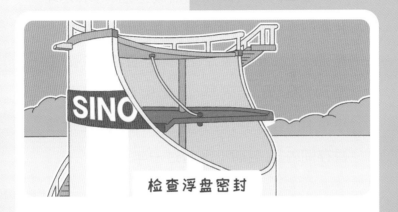

检查浮盘密封

内浮顶油罐应结合清罐等作业,定期检查浮盘密封的完好情况,发现异常及时组织修复。

5 危险废物合规处置

　　油库的危险废物包括废污油、污水处理装置的浮渣、油气回收装置更换的废活性炭、含油污泥、废润滑油、废液压油、废油漆桶、废润滑油桶、废油样、废化验试剂等,严禁随意倾倒、丢弃,应妥善收集,存放在危废暂存间内,暂存期不得超过一年。

废污油	污水处理装置的浮渣	废活性炭	含油污泥
废润滑油		废液压油	
废油漆桶	废润滑油桶	废油样	废化验试剂

危险废物种类

危废暂存间应贴有警示标识,具备防火、防雨、防渗、通风等功能,安装防爆灯具、可燃气体报警仪、视频监控等设备,储存危险废物的容器、包装物应完好无损,如实记录危废来源、种类、数量及去向。

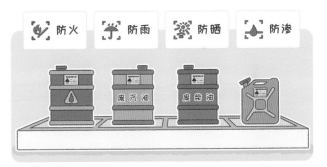

危险废物应委托有资质的单位进行转运和处置,填写《危险废物转移联单》,做好台账记录。

应定期识别环境风险,掌握油库周边环境及地下水流向等基本情况,并定期观察地下水井,在环境应急预案中明确防控油品泄漏、扩散的具体措施。

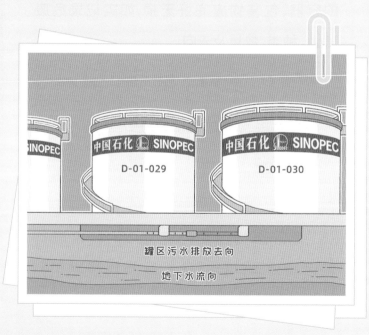

环境应急监测

应针对油品泄漏等主要环节,定期组织开展环境应急演练,确保发生环境突发事件时应急处置得当。

应与有能力的单位签订环境应急监测协议,事故状态下组织开展环境应急监测。

当发生突发环境事件及其他异常情况,应组织做好现场应急处置,并第一时间上报公司主管部门和环保部门。

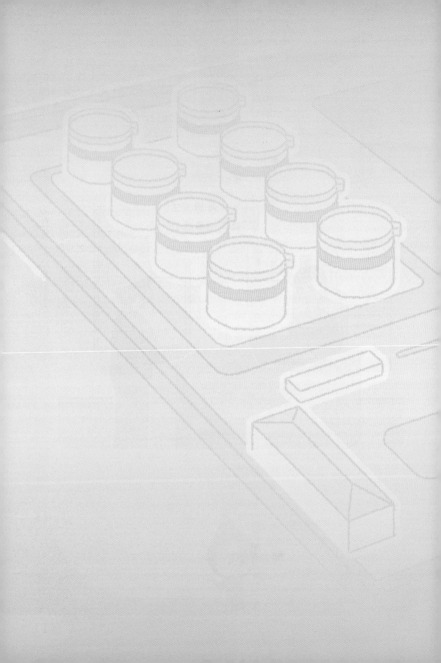

油 库

环境保护应知应会

操作人员篇

当进行公路发油作业时,应检查设备有无"跑、冒、滴、漏",确认汽油油气回收管连接紧密,油罐车量油口密封良好,呼吸阀完好有效。

密闭连接

≤ 10mL

　　发油结束后,应先关闭罐车阀门,再拆除气相、液相鹤管,防止油气外泄。应定期检测发油鹤管快速接头泄漏量,每次发油泄漏量不得超过 10mL。

当铁路卸油作业时,应将卸油鹤管插至铁路槽车底部。待卸油结束后,用接油盒盛接鹤管上残留的油品。

盛接余油

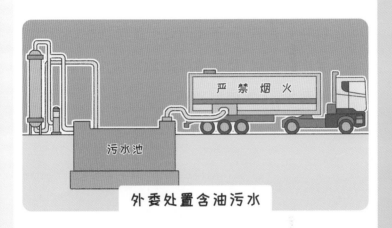

严禁烟火

污水池

外委处置含油污水

　　油库应集中收集含油污水,排入污水处理装置处理或委托第三方外运处置。

应定期检查油库内雨污水管沟、阀门井、水封井等设施,保证阀门处于正常状态,水封高度符合要求。及时清理雨污水管沟内杂物,确保雨水、污水流淌通畅。

清扫管沟

　　应掌握油气回收系统操作方法,规范填写运行记录,按期对油气回收等环保设备设施开展检查。

应熟悉清污分流走向,掌握污水处理设备操作方法,每月试运行,并规范填写运行记录。

污水处理设备试运行

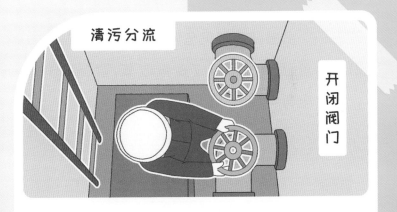

清污分流

开闭阀门

　　降雨初期,应关闭罐区、装卸区等生产区域雨水阀门,开启污水阀门,收集前 15 分钟初期雨水,15 分钟后关闭污水阀门,开启雨水阀门,确保清净雨水达标外排。

掌握油库常见危险废物种类,严禁随意倾倒、丢弃,应妥善收集,暂存在危废暂存间内。

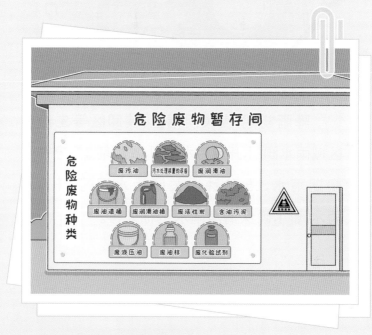

垃圾分类

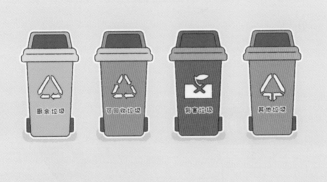

厨余垃圾　　可回收垃圾　　有害垃圾　　其他垃圾

　　按要求分类收集、投放一般固体废物和生活垃圾。

当发生油品跑冒等突发环境事件时，应立即采取切断电源、停泵运转、关闭阀门等方式，切断油品泄漏源，同时上报油库值班领导，启动相应应急预案，并进行应急处置。

扫一扫观动漫

操作步骤

第 1 步　打开微信扫描上方二维码

第 2 步　关注"石化出版社"公众号

第 3 步　进入视频页面观看动漫